Edizioni PensareDiverso
Cenacolo Jung Pauli

1

Ragner Hamsun

Merkelige tilfeldigheter i livet ditt

Små nysgjerrige hendelser. Anelser.
Telepati.
Har du også lignende opplevelser?
Kvantfysikk og teorien om
synkronitet forklarer ekstrasensoriske
fenomener.

Indeks av boken

Prologen

Fra den tidligste utviklingen av tanken har menneskeheten trodd at noen viktige fakta er guddommelige tegn, som kommer fra et høyere nivå. Dette nivået, filosofisk eller guddommelig, har alltid søkt å snakke med menn.

I de siste tre århundrene har disse overbevisningene blitt slettet av nye vitenskapelige tendenser. Ekstraordinære fakta ble vurdert som enkle saker. Alle som ønsket å tolke ekstraordinære fakta som guddommelige signaler, ble behandlet med ironi.

På samme måte ble fremtidens visjoner ansett som illusjoner eller til og med tegn på ubalanse. Dette skjedde til tross for at mange opplevde disse ekstraordinære fakta.

Vitenskap nektet at menn kunne samhandle med en psykisk dimensjon. Ifølge den vanlige oppfatningen er virkeligheten bare laget av faste gjenstander. Imidlertid på 1980-tallet har eksperimenter i kvantfysikk vist at universet ikke bare er sammensatt av materie.

Dette universet inneholder et nivå der energi og informasjon ikke overholder grensene for rom og tid typisk for klassisk fysikk.

Dette bekrefter alle innsiktene i menneskehetens historie. En av de mest kjente innsiktene i Vesten er begrepet "Soul of the World", opplyst av den greske filosofen Platon. Mer nylig har den sveitsiske psykologen Carl Gustav Jung utarbeidet teorien om "kollektiv ubevisst".

Denne boken utdyper ikke på altfor spesialiserte fag. Forfatteren følger klart leseren med å forstå de tre nivåene som danner en eneste virkelighet.

Første nivå er den fysiske, som er en del av vår daglige opplevelse. Det andre nivået er det som beskrives av kvantefysikk, typisk for de minste elementære atompartiklene.

Den tredje er det psykiske nivået kalt "ikke-lokalitet". Det er det åndelige nivået, som ikke kan være fysisk plassert hvor som helst.

Denne kunnskapsstien refererer til nylige funn som er anerkjent av offisiell vitenskap. De typiske fenomenene i sinnet blir viktige deler av en ny og overraskende virkelighet.

Felles fakta og signifikante tilfeldigheter

Tilfeldighet består av to fakta knyttet til hverandre for å bestemme en logisk sekvens. En tilfeldighet kan programmeres av menns vilje. Et klassisk eksempel på forhåndsbestemte tilfeldigheter er tidsplanene for passasjertransportlinjer. Avhengig av planlagte tider kommer et transportmiddel til en stasjon. Umiddelbart etter at reisen fortsetter med et annet transportmiddel. Alt dette er vanlig. Men det er også tilfeldigheter som oppstår uten noen spådommer.

La oss ta et eksempel. Jeg går til supermarkedet og går til brødbordet. Min reservasjon har nummer 64.

Så går jeg til fisketelleren og selv her har bestillingen min nummer 64. Ok, til nå.

Når jeg går fra supermarkedet, kommer jeg på bussen nummer 64, hvor jeg møter en venn som fullfører 64 år i dag. Jeg gratulerer ham.

Jeg går av bussen foran Marconi Street 64 butikken.

Jeg går inn i butikken og kjøper nummer 64 av magasinet Foods & Vines fra selgeren.

På dette punktet, hva skal jeg tenke på? Jeg er overrasket over hvorfor dette nummeret 64 gjentar seg så ofte.

For å fortelle sannheten, forekommer tall sekvenser som disse ganske ofte, men vi merker ikke det, fordi vi tenker på noe annet.

Derfor er numeriske sammenfall, som den som nettopp har sagt, merkelig, men vi tar ikke hensyn til dem. Faktisk blir disse tilfeldighetene ikke "signifikante". Imidlertid kan mange tilfeldigheter bli "signifikante". Vi burde kunne gjenkjenne dem. På det tidspunktet bør vi spørre oss selv: Hva er meningen med dette i mitt liv?

Et gammelt bilde

Maria kjeder seg. Den tidlige ettermiddagen på søndag, på grunn av et lite ankelproblem, ble hun tvunget til å bli hjemme. Han vendte seg gjennom alle bøkene sine og så etter et interessant TV-program, men fant det ikke. Så bestemte han seg for å gjøre litt nyttig lite arbeid. For eksempel var det en plakat som måtte henges på veggen. Hun hadde kjøpt det for noen måneder siden, og ble godt pakket inn i hennes tilfelle.

Denne aktiviteten virket for krevende. Til slutt bestemte han seg for at det var riktig tidspunkt å bytte fôr laget av papir i skuffen på pulten hans.

Skuffen var stor og dyp. Maria trakk skuffen ut, satte den på bordet og begynte å overføre alt innholdet til en boks. Mens han plukket opp de enkelte gjenstandene, ble hun overrasket over å finne så mange små ting han hadde ansett å gå tapt.

Når tømmingen var ferdig, frigjorde hun det gamle papiret fra tegningstiflene som holdt det og rullet det opp for å kaste det. På det tidspunkt oppdaget hun et lite rektangel med papir som hadde gått rett under belegget. Det var et gammelt bilde.

På det bildet kunne hun se seg, mye yngre, sammen med noen venner under en tur som foregikk minst tjue år før.

Maria begynte å undersøke bildet med nostalgi fordi hun anerkjente de reproduserte. Selvfølgelig var venstre Paolo, og den ene ved siden av ham var Sergio, kalt "Lo Sguincio". Jenta i midten var Arianna kalt "La Micia". De var alle venner hun fortsatt så, men fyren mellom Laura og Silvio, den fete fyren, hvem var han? Han prøvde å huske og til slutt var belysningen: men ja, det var Ciccio. Ved slutten av videregående skole hadde familien flyttet, slik at kontaktene ble bleknet til de mistet synet av hverandre.

Hun ble absorbert lenge, fantaserer om den perioden av hennes liv: skolen og vennene hun husket. Nå oppsto Ciccio plutselig på den kjedelige ettermiddagen. Han forandret papiret på skuffens forside og satte det på plass igjen. Deretter fokuserte hans tanker på noe annet ...

Neste ettermiddag, da hun fullførte noe husarbeid, ringte telefonen. Ville du tro det? I den andre enden av mottakeren begynte en stemme å si:

"Hei, er du Maria? Jeg håper du husker meg, jeg er Ciccio og vi gikk til videregående skole sammen. I går, da jeg tenkte tilbake til disse tider, følte jeg ønsket om å rekondere gamle venner. Det første nummeret jeg fant i telefonboken min var din ... "

To fakta som ikke er sammenhengende kan skape en "signifikant tilfeldighet".

Det er åpenbart at bare oppdagelsen av et gammelt fotografi er bare et merkelig faktum. Men samtalen Maria mottar neste dag, skaper en uventet tilkobling. For Maria har oppdagelsen av bildet og samtalen en "forenet følelse". Når Mary innser at de to fakta har en mening som binder dem sammen, blir de to fakta et "betydelig tilfeldighet."

Vi er alle hovedpersoner av betydelige sammenfall. På andre tidspunkter kan vi se de nysgjerrige tilfeldighetene som skjer med andre mennesker. Selv om vi er litt overrasket i begynnelsen, bestemmer vi senere for en sak.

Vi tror sikkert at vi har opplevd et nysgjerrig tilfelle, men fortsatt bare et enkelt tilfelle. Som et resultat, lagrer vi alt i noe hjørne av sinnet.

I virkeligheten svarer "tilfeldighet" ikke alltid til et "vanlig tilfelle". Dette er vist ved at enkelte tilfeldigheter forårsaker problemer som forblir uløste for livet. Noen ganger oppstår disse problemene og stimulerer vår nysgjerrighet. Vi oppfatter en vag følelse av mysterium. Vi føler at vi har mistet en nyttig kommunikasjon. Vi mistenker at vi savner et viktig hint eller hint.

Ifølge den velkjente psykoterapeut Carl Gustav Jung, som lenge studerte dette fenomenet og utarbeidet mange av de teoriene som er beskrevet senere i denne boken, er tilfeldighetene ofte enkle, tilfeldige fakta, men noen ganger ikke. Jung antydet at det var tilfeldigheter som kunne beskrives som signifikante eller "numinøse" og kalte dem "synkronitet".

Jung hadde fortjent å være den første til å undersøke fenomenet merkelige tilfeldigheter vitenskapelig. Han startet fra observasjonen at ingen kan bestride eksistensen av rare sammenfall. Jung har også gitt passende verktøy for å forstå når en tilfeldighet kan betraktes som signifikant eller "numinous" og dermed blir synkronisk.

Selvfølgelig er det ikke nok å skille mellom vanlige og synkroniske tilfeldigheter. Vi kan se at tilfeldige tilfeldigheter er en del av vårt daglige liv og oppstår som følge av vevingen av våre aktiviteter med hendelsene i verden rundt oss. Funksjonen i vanlige tilfeldigheter er at de ikke involverer eller interesserer oss, fordi vi anser disse sammenfallene å være åp Synkroniske tilfeldigheter, derimot, åpner et stort vindu på panoramaet av mysteriet. Disse tilfeldighetene gjør at vi går inn i verdener hvis eksistens vi aldri engang mistenker.

Bak hver synkronitet er det hele ukjente universer å utforske, og en enorm visdom hvorfra man kan tegne leksjoner. Dessverre har vi ingen øyne for å forstå disse landskapene. På samme måte kjenner vi ikke språket som synkroniteter prøver å kommunisere med oss.

Det er tuningproblemer mellom vårt sinn og det universelle sinn som produserer alle synkroniteter i vår favør.enbare.

En liten statue flyr ut av vinduet

Remigia, den eldre kvinne som tjenestegjorde i Kirken av de hellige arkeangler, så igjen en jente. Den unge kvinnen stoppet som vanlig og knelte bak kirken. Hans besøk fant alltid sted da kirken var tom, på et tidspunkt da det ikke var noen kirketjenester.

Jenta var alltid veldig be og hennes triste uttrykk var synlig. Men den dagen Remigia så en tåre i ansiktet hans. På grunn av sin naturlige godhet, men også en viss nysgjerrighet, ventet han på at hun skulle stå opp. Da hun forlot kirken, gikk Remigia opp til henne og prøvde å åpne en dialog med henne for å finne ut årsaken til hennes lidelse.

Gjennom en hjertelig utveksling av tanker og vanlige argumenter samlet han sine tillit. Jenta, hvis navn var Sabina, hadde passert ungdommens tid, og ville ha likt veldig mye å finne en følgesvenn for å skape en familie. Dessverre ble drømmen ikke realisert.

Remigia trøstet henne og ga henne det beste rådet. Da husket han at han blant sine roller som samarbeidspartner i kirken måtte ta seg av å selge suvenirer.

Så kvinnen trodde det var på tide å endelig bli kvitt en statue av Angel Raffaele. Dette hellige objektet avbildet en av de tre arkeenglene, og hadde blitt utsatt bak glasset i souvenirskapet i mange år siden ingen noen gang kjøpte den.

"Se Sabina" - Remigia sa, da han førte henne til souvenirskapet - "Jeg foreslår at du spør engelen Raffaele hver dag for nåden, fordi han er beskytteren av forlovede og gift kjærlighet". Denne gipsmodellen er en kopi av en sølv original funnet i Napoli. Arkhangelsk Raphael er avbildet sammen med en ung mann og en fisk. Den unge mannen ble kalt Tobias, og han dro på reisen for å gifte seg med en ung kvinne ved navn Sara, i henhold til hans familie vilje.

Dessverre var Sara besatt av demonen Asmodeo, så hver gang hun giftet sig, døde mannen sin på bryllupsnatten. Denne ulykken hadde allerede skjedd syv ganger.

Men Tobias visste ikke at han ville være hennes åttende mann.

Heldigvis, mens du reiste til Sara, ble Tobias ledsaget av Angelo Raffaele.

En gang på bredden av en elv stoppet de to å hvile. Tobias dro til kysten for å drikke, men ble angrepet av en stor fisk. Raffaele hjalp ham og sammen dræpte de fisken. Engelen fortalte Tobias å åpne fiskens mage og trekke ut leveren hans; han beordret ham til å holde det fordi det ville gi ham lykke til.

Tobias kom til reisemålet og forberedte seg til å feire bryllupet mens sars far allerede forberedte graven for ham. Men på den tiden var graven ubrukelig.

Under beskyttelsen av Raffaele tilbrakte de to ektefellene den første natten med å be. I mellomtiden har de produsert røyk ved å brenne fiskens lever. På denne måten nærmet ikke demonen seg og ble beseiret. Sara ble løslatt fra forbannelsen og levde lykkelig med Tobias ".

Remigia avsluttet historien på denne måten:

"Selv du, kjære Sabina, kan stole på Raffaele. Hold denne lille statuen i huset ditt og si en bønn hver dag til engelen, du vil se at han vil hjelpe deg snart.

Tenk bare, Sabina, at mange jenter fortsatt besøker sølvstatuen på dette tidspunktet i Napoli 29. september. Som vi sier i napolitansk dialekt, går jentene "et Vasà é Pesce é San Rafèle". (for å kysse den fantastiske fisken av St. Raphael).

Sabina kjøpte statuen med stort håp og satte det over et skap hjemme. Hver dag reciterte han sin bønn. Tid gikk: en uke, en måned, tre måneder ... men ingenting skjedde.

I et øyeblikk av spesiell fortvilelse tok den fjerde måneden statuen og tenkte på det med forakt, muttering:

"Men hva en San Raffaele! Ikke engang hjelper han meg!"

Etter å ha sagt det kastet han den lille statuen ut av vinduet.

Etter noen minutter hørte han dørklokken. Han åpnet seg og sto foran en ung mann. Med en viss forlegenhet sa han til henne:

"Beklager, jeg så denne lille statuen faller ut av et vindu, hvis jeg ikke gjør feil, kom det ut av denne leiligheten, så jeg trodde jeg ville gi den tilbake."

Sabina var overrasket. Han satte seg og tilbød ham en kaffe. De snakket om dette og det. Han lærte at denne vennlige mannen ble kalt Giulio og var singel. De bestemte seg for å møtes igjen. Senere møttes de oftere og til slutt giftet seg.

Synkronitet.

Hvor begynner tilfeldighet i historien om Sabina? Med andre ord, hvor begynner serien av tilfeldigheter?

Når Sabina bestemmer seg for å gå til Kirken av de hellige arkeangler hver dag?

Kanskje tilfeldighet begynner når Remigia får Sabina personvern og lytter til hennes konfidensialitet?

Eller begynner en tilfeldighet for mange år siden, da en statue aldri ble solgt? Eller begynner tilfeldighet når Giulio går under Sabina-vinduet samtidig som jenta kaster ut den lille statuen?

Dette er mange fakta som ikke er relaterte i tide. Men når vi ser på disse fakta sammen, kan vi se at de blir de sammenhengende delene av en historie. Det vil si, disse fakta blir "signifikante" og danner derfor totalt "synkronitet".

Begrepet "signifikant" betyr noe som inneholder og uttrykker en mening. En signifikant begivenhet er et "tegn på himmelen".

Den signifikant snakker, er veltalende, bemerkelsesverdig, relevant.

Jung bruker også begrepet "numinous" . En numinous hendelse bringer frykt og ærbødighet sammen.

I historiene som er nevnt ovenfor, er innholdet av hellighet ikke av det faktum at vi snakker om statuen av en helgen, eller fra at episoden Tobias er hentet fra Skriften. Den overordnede hendelsen til en synkronitet er "numinøs" med en bredere betydning. Fakta fortjener spesiell respekt fordi den kan fremkalle en følelse av åndelig ærefrykt.

De to historiene jeg har presentert, Maria og Sabina, kan betraktes som synkroniske episoder.

Faktisk er deres egenskaper som beskrevet av Carl Jung for å avgjøre om en episode er synkronisert eller ikke.

Ifølge Jung er de viktigste funksjonene i synkronisitet tre.

Den første funksjonen er at de to eller flere fakta som utgjør synkronisitet ikke er relatert til årsak og virkning. I sammenheng med synkronisitet er ingen av faktaene en direkte konsekvens av et annet faktum. Forbindelsen er intellektuell og forekommer i fagets hode.

I Maria-relatert eksempel er det åpenbart at anropet fra Ciccio ikke er et resultat av å gjenoppdage bildet.

På samme måte er avvisningen av statuen kastet bort av Sabina og passasjen under Giulios vindu ikke koordinert.

Det andre elementet i synkronisitet er at fakta gir et følelsesmessig respons i den berørte personen. I den første episoden vil Maria huske historien i årevis. I den andre historien er Sabina godt involvert til det punktet hun gifter seg med Giulio.

Den tredje karakteristikken er faktaens symbolske natur; Dessverre gjør det dem vanskelig å forstå. Selv om det ikke er mulig å gi en logisk forklaring på hvorfor disse hendelsene fant sted, føler du at de gjemmer en mystisk melding som venter på dekryptering. Hvis vi ønsker å si det som Jung, sier vi at de har en numinøs karakter.

Kollektiv ubevisst og arketyper.

For å fullt ut forstå prinsippet om synkronitet må vi undersøke Jungs teorier.

Det første argumentet lar oss forstå opprinnelsen og driften av synkroniteter. Jung teoretiserer et konsept som allerede var kjent i utviklingen av menneskelig tanke og kaller det *"kollektiv ubevisst."*

I hans studier foreslår Jung at den menneskelige psyke kan deles inn i tre nivåer.

Nivået på individuell bevissthet

Det første nivået er det vi kaller "individuell bevissthet". Dette nivået inneholder alt vi vet om oss selv og miljøet. Bevissthet er evnen til å forstå og evaluere fakta som oppstår i området med vår erfaring. Takket være samvittet vet vi med rimelighet hva som vil skje i vår nærmeste eller nær fremtid. Begrepet "samvittighet" kommer fra det latinske *"conscire"*, som betyr *"å være klar over, å vite"*. Med andre ord viser bevisstheten kunnskapen som hver person har om seg selv og hans åndelige innhold.

Derfor er bevissthet det stedet der vår tankegang er utviklet. Beslutninger og oppførsel er modne i bevissthet. Bevissthet gjør diskriminerende og dømmekraftige avgjørelser, avhengig av hvordan vi forstår verden.

Den enkelte ubevisste

Det andre nivået er stedet for det ubevisste. Her kommer ideer, overbevisninger og atferd fram og vokser som ikke er under vår direkte kontroll.

For eksempel utføres viktige funksjoner som pust og kardial muskelkontraksjon her.

I den delen av vår bevissthet som vi ikke vet, er det fremfor alt instinkter, tendenser, holdninger. Inkludert "ubevisste preferanser" for en bestemt kunstform og ikke for en annen. Det ubevisste bestemmer ubevisst preferansen for en farge eller en annen, for ett yrke eller for det andre.

Sigmund Freud henviste også til det personlige bevisstløse. Freud lærer at dette er en innledende tom beholder, som deretter fylles ut i livet med alle "bortkastede rester av samvittigheten".

Jung tenker helt annerledes. Han hevder at det ubevisste har funksjonell autonomi siden begynnelsen av menneskelivet. Ifølge Jung er mannen faktisk mer dominert av hans bevisstløse sinn enn samvittigheten hans.

Det underbevisste sinnet ville ha en balansefunksjon i forhold til bevisstheten. Det er bevissthet innhold som kan bli bevisstløs. Dette skjer i en mekanisme som lar deg glemme.

I tillegg er det informasjon i sinnet som frivillig kan glemmes fordi det er et resultat av smertefulle hendelser. Noen erfaringer kan fjernes fordi de er knyttet til episoder som vi skammer på eller hvis virkeligheten vi ønsker å nekte.

I disse tilfellene gjør vi en "fjerning, undertrykkelse" som aldri er endelig og fullstendig.

Faktisk gjør vi ingenting, men flytter minner fra vår bevisste side til det ubevisste.

I enkelte situasjoner kan imidlertid tilsynelatende slettede erfaringer komme ut av det ubevisste.

Hovedforskjellen mellom Freuds og Jungs avhandling er at det underbevisste sinnet ifølge Jung er ikke bare et lager som gradvis er fylt med erfaringer som samvittigheten klassifiserer som ubrukelig.

Jung setter pris på det underbevisste mye mer positivt.

Ifølge Jung er det underbevisste et sted fullt av nye og kreative ideer. Ubevisst, mange konseptuelle konstruksjoner og mange originale prosjekter som relaterer seg til nåtiden og fremtiden, vokser og vokser.

Ifølge Jung inneholder den enkelte ubevisst frø av kunnskap og kreativitet. Disse er helt originale ideer som ville føre til formuleringen av de klassiske spørsmålene: "Men hvordan vet du det? Men hvem sa det?"

Forutsetningen er at det ubevisste inneholder ideer som ikke er relatert til individets erfaring. Disse ideene var alltid til stede. Fra denne premissen kommer "spørsmålet": Hvis disse ideene eksisterer fra før, *hvor kommer de fra?*

Den kollektive ubevisste

For å forklare det kollektive ubevisste bedre vi la ordet Carl Jung selv, som beskriver det i sin publiserte arbeidet i 1936 med tittelen "Das Konzept des kollektiven Unbewussten"

"Den kollektive ubevisste er en del av psyken. Det kan skilles fra den personlige bevisstløs i at det ikke skylder sin eksistens til personlig erfaring, og derfor er ikke en personlig oppkjøpet.
Den enkelte ubevisste består i hovedsak av innhold som eksisterte i sinnet, men forsvant da fordi det ble glemt eller fjernet.

I stedet, innholdet i det kollektive ubevisste var aldri tilgjengelig, og derfor aldri kjøpt enkeltvis i bevisstheten, men skylder sin eksistens utelukkende arvelighet.

Den enkelte ubevisste består hovedsakelig av komplekser. I stedet er innholdet av det kollektive ubevisste i hovedsak dannet av arketyper.

Avhandlingen min er derfor følgende. Det er et første psykisk system som inkluderer vår individuelle bevissthet. Dette inkluderer den personlige ubevisste. Videre er det et annet psykisk system av kollektiv og universell natur som ikke refererer til den enkelte sfæren, men er identisk for alle individer.

Denne "kollektive ubevisste" utvikler seg ikke til enkeltpersoner, men er arvet. Den kollektive ubevisste består av "allerede eksisterende former", arketypene. "

Derfor er det, ifølge Jung, en bevissthetsnivå utover våre sinn som ikke er begrenset til vår skallen, men distansert i forhold til vår fysiske og er selvstendig.

Dette bevissthetsnivået, som er et psykisk nivå, kan ikke plasseres hvor som helst. Det er ikke en "ting" som har bredde, høyde og vekt. Det kan ikke bli tatt bort herfra og flyttet dit.

Det kollektive ubevisste eksisterer så vel som vår sjel. Det eksisterer som en alder av et fjell eller klarheten av elvvannet. Ingen kan se eller veie alderen på treet eller elven, men ingen kan nekte at den eksisterer.

Den kollektive ubevisste er en helt synsk virkelighet som inkluderer opplevelser av alle mennesker i form av arketyper.

Fordelen er at alle mennesker kan samhandle med arketyper.

I dag kan vi si med en teknologisk språk at all informasjon knyttet til den menneskelige rase, er lagret i en stor mengde *file* som er referert til som arketyper.

Siden alle mennesker kan samhandle med arketyper av det kollektive ubevisste, de har alle en stor kunnskap, men vet ikke det.

Jeg skriver disse ordene med datamaskinen min. I hans minne er det en ordbok og et program for grammatisk feilkorreksjon. Jeg opprettet ikke disse verktøyene og visste ikke engang at de eksisterte før jeg tok feil.

Jeg vet ikke nøyaktig hvor disse programmene er. Kanskje de er plassert "i skyen". Men hvis jeg gjør en feil, griper disse programmene inn. De første gangene stod jeg der og så på skjermen, med de små ordene uthevet i rødt, og jeg kunne ikke forstå hvorfor. Gradvis ble jeg vant til det og skjønte at den røde underskriften indikerte en feil.

Dessverre spesifiserer programvaren ofte ikke hvilken feil den er.

Det ville være interessant om de beste delene av mine skriftlige tekster ble understreket i blått for å indikere at et mystisk stykke programvare er fornøyd med stavemåten min.

Kanskje det ville jeg ikke engang forstå, fordi datamaskinen uttrykker seg på en måte som ikke er umiddelbart forståelig.

Det er ofte nødvendig å konsultere en referansehåndbok.

Synkroniteter er noe som dette. Dette er signaler som kommer til oss fra en "grammatikkkontrollør" som er plassert hvem vet hvor.

Det er en programvare som distribueres i en stor "sky".

Snakk med oss ved å bruke et "maskinsspråk", det vil si det uttrykkes på en uforståelig måte.

Arketypene ligner denne grammatikkontrolleren.

Noen ganger slipper arketypene fra det kollektive ubevisste og påvirker vår bevissthet.

De kommer til å foreslå rettelser til ordene vi skriver i vår livshistorie.

Vi bør unngå å irritere oss selv når dette skjer, selv om arketypenees inngrep skaper vanskelige forståelser, for eksempel, de merkelige tilfeldighetene

Disse er røde eller blå linjer. Vi fornemmer nærværet av et skjult sinn, men vi forstår ikke helt hva det betyr.

En ide som er gammel som verden

Carl Jung han hadde den fortjente evne til å publisere sin avhandling på det kollektive ubevisste i henhold til vitenskapelige kriterier.

Ideen var ikke ny. Siden begynnelsen av menneskeheten, og siden de første manifestasjoner av menneskelig tenkning, troen på et høyere mentalt nivå har utviklet. Begrepet "ideens verden" ble født i gresk sivilisasjon.

Kort sagt, mannen har alltid trodd på en åndelig enhet som ikke er knyttet til den materielle virkeligheten som normalt er forbundet.

Hver gang en guddommelighet er identifisert i naturlige objekter som solen eller månen, er dette objektet alltid forbundet med en personlighet. Solen stiger og setter hver dag for å gi liv til Jorden.

Men solen har sin egen vilje, så en morgen kan den bestemme seg for ikke å stå opp.

Fra denne frykten kommer behovet for å organisere kulten og gjøre ofre for å tilfredsstille det.

Troen på den animistisk religion til de palæolittiske og neolitiske periodene endret seg til et raffinert konsept i den klassiske perioden av det antikke Hellas, "verdenssjelen".

I dag er dette konseptet kjent av det latinske uttrykket "Anima Mundi". Det er et filosofisk begrep som brukes av tilhengere av den greske filosofen Platon å vise vitalitet av naturen.

Anima Mundi uttrykker totaliteten av naturen og anser det som en levende organisme utrustet med unikhet.

Samtidig er verdens sjel nært knyttet til hver enkelt sjel. Betegnelsen innebærer således et univers der "alt er en" men hver individualitet beholder kjennetegnene som skiller dem.

I samarbeid med Wolfgang Pauli (Nobelprisen i fysikk 1945) utdypet Karl Jung muligheten for at begrepene Archetipo 'og' synkronitet 'kan være assosiert med en virkelighet som er definert' Unus Mundus".

Det er en realitet hvor alt kommer ut og alt kommer tilbake til henne.

Det er det samme begrepet "anima mundi" som kommer fra "monismen" av Platon, senere utviklet av neo-platonistiske filosofer.

Filosofiene og religioner har akseptert og integrert begrepet verdens sjel.

I dag er dette konseptet representert av forskjellige navn i østfilosofien. Vi kan huske "Tao" av kinesisk kultur eller "Atman" av indisk kultur. Vi finner dette konseptet, men også i den vestlige religiøsitet, i figuren av "Hellige Ånd".

Den sekulære kultur viser også til sjelen i verden med mange forskjellige navn, for eksempel universell sinn, global bevissthet, verdens ånd.

Når vi snakker om "kollektive ubevisste", kan Vi refererer ikke til noen av disse enhetene, men understreker vi at det er med hver av dem sterke likheter.

Arketypene

Den kollektive ubevisste fremkaller derfor mange likheter med de åndelige konseptene utviklet i menneskelig kulturell utvikling.

Andre likheter er fremkalt av et annet konsept relatert til det "kollektive ubevisste" av Carl Jung. La oss snakke om "arketyper".

Arketypene er konseptuelle kategorier som ligner på de arkaiske strukturer som er typiske for myter og religioner, men ligner også eventyrkarakterene i populærkulturen.

Faktisk trodde Jung selv at han ikke hadde foreslått noe nytt. Han anerkjente at arketyper kan betraktes som lik de viktigste mytologiske typologiene i hver historisk epoke og menneskelig rase. Arketyper kan derfor være like uendelige som evnen til menneskelig tenkning å skape ekte eller fantastiske situasjoner er uendelig.

Det er dødsarketypen og arketypen av frykt, arketypen av meningsløs grusomhet og smertens arketype.

Det er også alle arketyper knyttet til drømmens visjoner. I drømmen blir drømmebilder symboler, det vil si arketyper.

La oss snakke om symboler som hesten, edderkoppen, spranget i tomrummet eller ulven som forfølger oss.

Hver figur vi forestiller oss er tilstede i det kollektive ubevisste som en arketype. Hver figur har en mening som ikke samsvarer med selve figuren, men har en symbolsk verdi. For eksempel symboliserer hesten ønsket om å reise til de åndelige verdener.

Platon mener også at arketyper er noe som tilhører oss gjennom arv uten å umiddelbart oppleve innholdet.

Filosofen mener at vi kjenner arketyper fordi vi så dem før de ble født. For å støtte denne teorien bruker han "Reminiscence Theory". Vår sjel lever før vi kommer inn i en kropp i "verden av ideer".

I denne verden har sjelen fått sin kunnskap, som ikke går tapt når den samme sjelen er legemliggjort i en kropp. Derfor sier Platon at "å vite er å huske" fordi vi har fått kunnskap før fødselen.

I motsetning er Jungens kollektive ubevisste et sted der ideer om vår sjel før fødsel er utilgjengelige. Disse ideene, disse er arketyper, manifesterer i vårt individuelle ubevisste bare etter fødselen gjennom våre liv.

Noen ganger ser vi arketyper som abstrakte vilkår. Jung betraktet dem ikke som sådan fordi abstraksjon ikke har sitt eget "form".

Jung trodde derimot at arketyper kunne manifestere gjennom antagelsen om et "form".

Fordi de kan "ta form" i vår ubevisste, er arketyper kilder til "psykisk energi". De er i stand til å frigjøre sitt potensial på mennesker gjennom drømmer, rare sammenfall, forebodings og åndelig innsikt som danner grunnlag for synkroniserte episoder.

Forskjellen mellom Platons konsept og Jungs konsept ligger i prosessen der individet kjenner de arvede ideene som ikke er relatert til opplevelsen.

Ifølge Platon kjenner sjelen ideene før de kommer inn i kroppen. I stedet, ifølge Jung, engasjerer arketypene det ubevisste etter fødselen og gjennom livet.

Denne forskjellen blir tydeligere når du vurderer at, ifølge Jung, blir arketypens handlinger mye sterkere i visse øyeblikk. Dette skjer spesielt når personen opplever stress- eller krise- og transformasjonsmomenter.

Faktisk er den bevisste delen av individet mer rasjonell og mer tilbøyelig til å gå i kompromiss med livets virkelighet.

I stedet er det underbevisste sinnet instinktivt og fantasifullt, ofte uten frykt for instinktiv og irrasjonell oppførsel.

Følgelig øker den bevisste delen av individet en solid projeksjonsbarriere for å holde instinktet til det ubevisste i kontroll.

Dette er ikke alltid bra, og ofte virker det ikke. Det er tider når barrieren skapt av bevisstheten rister eller faller sammen. Dette er øyeblikk av en eksistensiell krise, som for eksempel tap av en jobb eller enden av et forhold eller et familiemedlems forsvinning.

I disse tilfellene blir den rasjonelle samvittigheten traumatisert fordi den kolliderer med en virkelighet som var så grov og smertefull.

Samvittigheten stiller spørsmål om korrektheten av sin tro og lurer på hvordan det muligens gjorde en feil.

I disse tilfellene orsvaret senkes er beskyttelsesbarrieren ikke lenger uslåelig.

Det underbevisste av individet skaper en strøm av psykisk materiale som overskrider barrieren og tar på seg form av synkronisitet.

Derfor følger synkronitet vanligvis alltid behovet for endring.

Noen ganger ganger går det foran det eller foreslår det.

Imidlertid gjør han det alltid i en symbolsk form og bruker et ekstremt vanskelig språk til dekryptering.

Blant de mange eksemplene i Jungs arkiv, er kanskje det mest kjente hva som skjedde under en pasientens terapi.

I sin 1952-essay med tittelen "Synchronicity: An Acausal Connecting Principle," beskriver Jung hendelsen i følgende termer:

> "En ung kvinne hadde en drøm i sin terapi på et avgjørende tidspunkt, og i drømmen fikk pasienten en gullbille som en gave.
>
> Mens den unge kvinnen fortalte meg denne drømen, satt jeg med ryggen til det lukkede vinduet. Plutselig hørte jeg en støy bak meg, som om noe banket forsiktig mot vinduet.
>
> Jeg snudde seg og så et bevinget insekt som rammet inn i vinduet fra utsiden. Jeg åpnet vinduet og fanget insektet. Det var veldig lik en gullbille, det vil si en "Cetonia aurata", en bille av roser.

Tydeligvis hadde insektet tvunget seg til å gå inn i vårt mørke rom. Dette motsiger hans vaner.

Jeg må legge til at et slikt tilfelle aldri har skjedd med meg og aldri skjedd med meg etterpå. Denne pasientens drøm forblir et unikt faktum i min erfaring. "

Jung fant senere at pasienten var et svært vanskelig tilfelle: hun hadde ikke engang hatt en liten forbedring på den dagen.

Hun var en veldig rasjonalistisk kvinne til det øyeblikket.

En ekstraordinær hendelse ville ha vært nødvendig for å riste henne, men Jung kunne ikke produsere den.

Scarab drømmen hadde denne funksjonen fordi. Hun hadde imponert pasienten, så hun hadde begynt å redusere sin rustning.

Da insektet faktisk kom gjennom vinduet, reagerte den unge kvinnen mye sterkere. Jung beskriver sin reaksjon som følger:

"Hans naturlige vesen har lykkes i å bryte gjennom rustningen og transformasjonsprosessen, som alltid må følge en terapi, har begynt".

Senere forklarer Jung hendelsen i psykoterapeutiske termer og beskriver hvorfor episoden viste seg å være effektiv for jentens utvinning.

Jung påpeker at biller er et klassisk symbol på gjenfødelse. Ifølge beskrivelsen av den gamle egyptiske boken "Am-Tuat", blir solguden et scarab på stien etter hans død i det tiende stadium.

I denne formen stiger solen til det tolvte trinn. Her forynger han og kan komme inn i båten, som bringer ham til morgenhimmelen. På denne måten kan solguden bli gjenfødt på en ny dag.

Hvordan synkronisitet oppstår

Synkroniteter finner plutselig sted i folks liv når den syke psyken oppfatter en analogi mellom dens behov og arketypene til den kollektive ubevisste.

I disse tilfellene kan psyken bruke arketyper gjennom det underbevisste sinnet.

Faktisk forsøker arketyper å jobbe for individers velvære. Ifølge enkelte teorier har de samme arketypene muligheten til å ta initiativet.

Forskjellen er betydelig. I det første tilfellet antar vi at det er en psykisk beholder hvorfra informasjonen den alltid inneholder, kan trekkes ut som vann fra en brønn.

I det andre tilfellet forestiller vi at det finnes en overlegen intelligens som er i stand til å kjenne individets behov og gripe inn i sin egen hjelp.

I de fleste tilfeller synes den andre hypotesen mest sannsynlig. Ved å analysere ulike tilfeller av synkronitet, vil vi alle bli oppfordret til å identifisere en retning eller til og med tilstedeværelsen av et "universelt sinn". Vi snakker om en "verdenssjel" som kan arbeide for alle skapninger uten romlig og tidsbegrenset begrensning. Vi kan kalle den ånden med navnet vi foretrekker.

I sin individualitet, dvs. i hans ego, blir mennesket et molekyl, en del av en større organisme, som vi kan kalle en intelligent kosmos.

Hver tilsynelatende separat element danner faktisk en enhet med helheten.

Menneske, selv i hans individualitet, dvs. i hans ego, blir et molekyl, en del av en større organisme, som vi kan kalle en intelligent kosmos.

Det kosmiske sinnet (eller det universelle sinnet) beskytter mennesker og styrer dem gjennnom synkroniske episoder.

Jung har kalt denne samlende virkeligheten av saken og sinnet "psykoid". Det er et nivå som er over materie og psyke, men inkluderer begge deler.

Dessuten, som vi har sett i de foregående eksemplene, er det kollektive ubevisste på ingen måte likt en butikk av stablede varer, men har en intelligens utvidet til fortiden og fremtiden.

Denne intelligensen kan ikke forklares av våre tenkningskategorier. Vi er vant til en verden der ting skjer etter hverandre. Etter vår erfaring er hvert faktum en "konsekvens" av et tidligere faktum og en "årsak" til et etterfølgende faktum.

På nivået av det kollektive ubevisste kan informasjon komme til bevissthet i hvilken som helst rekkefølge uten å respektere tidens gang. Dette skjer når en forvarsling advarer oss om et faktum. Det skjer også når en "telepatisk anrop" viser oss den farlige situasjonen til en person som vi har vennlige bånd til. I dette tilfellet har kommunikasjonen ingen tids- eller avstandsgrenser. Personen kan være hundrevis av miles unna.

Det er tusenvis av vitnesbyrd fra folk som våkner midt om natten mens en venn blir angrepet eller involvert i en ulykke.

Det er også utallige vitnesbyrd om kunnskapen om døden til en person som bor langt unna. Denne kunnskapen er født samtidig som personen dør.

De typiske egenskapene til et synkronistisk fenomen kan oppsummeres i følgende få setninger.

En synkronisering er summen av to eller flere viktige fakta som ikke er logisk forbundet. Disse fakta er bare fornuftige for den personen som mottar synkronisiteten.

Synkronitet skjer i to deler. Den første delen er dette. Overalt i verden og når som helst får en person et bilde i sitt bevisstløse. Han kan motta det i form av en drøm, en premonition, en telepatisk samtale, en plutselig ide, et direkte bilde eller et symbolsk bilde.

Den andre delen er dette: På ethvert sted i verden og når som helst, bekrefter en hendelse eller et faktum bildet som personen mottar.

Eller den personen som mottar synkronisiteten, kan tolke den som en anelse om å forbedre livet.

Skjebne eller synkronitet?

Den amerikanske forfatteren Louis L'Amour (pseudonym av Louis Dearborn La Moore) forteller på sin nettside den utrolige historien om fru Sarah Richley, en stille husmor. Hans sønn Peter hadde en overveldende lidenskap for havet. Som voksen bestemte Peter seg for å tilbringe livet sitt i det elementet han elsket så mye. Han gjorde det til tross for sin mors bekymring og hans motsatte mening. Både for uaktsomheten og vanskeligheten for å opprettholde kontakten med fastlandet har mor og sønn mistet synet av hverandre.

Dette er progogen. I det følgende foregår historien i to handlinger.

Den første handlingen vil tjene til å fortelle eventyret som Peter opplevde på en av hans reiser i 1829. Dette er fakta som virkelig har skjedd og er nøye registrert i Marineregister. Disse utrolige fakta ble publisert i det syvende volumet av "Great Encyclopaedia of the Sea" av den berømte dokumentarprodusenten Folco Quilici.

Den utrolige historien om Sarah Richley. Første handling

I oktober 1829 seilte den australske skonneren "Mermaid" fra Sydney til Collier Bay i den vestlige delen av det australske kontinentet under ledelse av Samuel Nolbrow.

Skipet hadde 18 besetningsmedlemmer, inkludert Peter Richley, og hadde også tre passasjerer.

På den fjerde dagen med frakt, da båten var i den ekstremt farlige Torres-stredet mellom Australia og New Guinea, skjedde det uigenkallelig.

Banker av truende skyer nærmet seg. Vinden stoppet og skipet ble stengt. Midt på natten brøt en voldsom storm som rammet skipet. Skoneren Mermaid ble gjentatte ganger kastet mot en koralbank og rystet til tross for besetningens desperate innsats.

De 21 mennene forlot den ødelagte båten, dykket inn i havet og svømte over en stein. Kapteinen som kom sist fant at alle 21 var trygge.

De overlevende brukte tre dager og tre netter på fjellet.

På den fjerde dagen kjørte brigten "Swiftsure" til dette området. Han så de overlevende castaways og reddet dem

Men etter fem dager opplevde Swiftsure også en turbulent havstrøm og sank.

Alle mennene forlot skipet i en hast.

Igjen ble alle lagret

Etter en kort tid passerte han skonneren "Governor Ready", som hadde 32 besetningsmedlemmer.

Skonneren tok overlevende av de to tidligere senkede skipene om bord.

Dessverre var de negative hendelsene ikke over ennå. Skonneren fortsatte på sin reise, men ble overbelastning av for mange mennesker.

Ikke mange timer passerte da en brann brøt ut ombord.

Kanskje ilden var på av Castaways uten forsiktighet.

Ingen lyktes å slå av flammene, og alle mannskapene på Mermaid, Swiftsure og Governor Ready ble tvunget til å klatre på livbåtene.

Men igjen, de overlevende kan takke for flaks, for etter en kort stund oppstod det australske kutterskip "Comet" i horisonten.

Med en heldig tilfeldighet ble denne båten tvunget ut av ruten ved en storm, da møtte han livbåtene..

Da sjømennene fra "Comet" lærte at disse menneskene var overlevende av tre skipsvrak, beklaget de at de hadde reddet dem.

I mellomtiden var de om bord.

På skipet oppsto et klima med stor spenning, fordi sjømennene til "Comet" var overbevist om at disse menneskene ble ledsaget av en dårlig skjebne. De fryktet at samme skjebne ville slå på kometen.

De var ikke galt.

Etter fem dagers navigasjon led Comet også skipsbrudd.

Denne gangen var det ingen livbåter for alle, så mange bodde i vannet og ble sittende fast i restene av det sunkne skipet. De måtte motstå i 18 dager før de ble reddet av en damper fra Australian Post, "Jupiter."

Utrolig, etter fire skipsvrak var det ingen dødsfall blant Castaways. Faktisk var ingen skadet, unntatt de små blåmerker du kan forestille deg.

Peter Richley hadde sannsynligvis roet sitt ønske om seiling i denne saken. Men historien var ikke over ennå. Etter en kort navigasjon falt dampbåten "Jupiter" mot en stein og sank.

Heldigvis var passasjerskipet "City of Leeds" nær dette siste forliset.

Dette skipet reddet alle overlevende fra de fem skipsvrakene og brakte dem til sikkerhet i Sydney.

I denne australske byen fortalte alle Castaways sitt eventyr.

Fortelleren på "Encyclopedia of the Sea" avslutter sin historie med denne kommentaren:

> "En enkel tilfeldighet? Kanskje, men i slike tilfeller ser det ut til å være en høyere vilje."
>
> Dette vil ta hendelsene generert ved en tilfeldighet og føre dem til konklusjoner som ser ut til å svare til menneskelige ønsker ... "

Her avsluttes historien som vi har definert som "Første handling".

For Peter Richley er historien ikke over ennå.

Før han dro, var Peter fortsatt ombord på skipet "City of Leeds" og opplevde historiens andre handling. Denne andre handlingen er, om mulig, enda mer utrolig enn den første.

La oss gå tilbake til historien om forfatteren Louis L'Amour. Denne gangen skjer alt ombord på passasjerskipet City of Leeds.

Dette skipet hadde forlatt Storbritannia og reist til Sidney. Det transporterte passasjerer med ulik sosial bakgrunn som ønsket å komme til Australia av ulike grunner.

Med tanke på det betydelige ubehag som reiser med skip hadde på 1800-tallet, var reisende mest og unge og robuste og hadde god helse.

Vanligvis hadde ombordlegen ikke noen store problemer med utførelsen av sitt arbeid.

På denne turen hadde doktoren imidlertid store vanskeligheter fordi en gammel dame reiste alene.

På et tidspunkt hadde den gamle kvinnen kollapset under årets vekt og hennes sykdommer. Så ble kvinnen tatt til medisinsk rom på skipet.

Legen hadde bedt henne flere ganger:

"Men hvorfor gjorde du, gamle dame, denne reisen fra England til Australia?"

Hver gang kvinnen svarte at hun ikke hadde hørt fra sønnen hennes i årevis. Etter å ha nylig lært at denne sønnen jobbet på skip langs australske kystruter, hadde han bestemt seg for å finne ham.

I hver av disse dialogene tok den gamle kvinnen et lite portrett fra henne vesken hver gang for å vise legen den unge mannens ansikt.

"Det er sønnen min, det ville være nok for meg å se ham en gang, bare for å dø i fred, hjelp meg, doktor."

Legen var en sensitiv person og ønsket å hjelpe henne, men han visste ikke hvordan han skulle gjøre det.

Etter en av disse samtalene foretok legen et verifikasjonsbesøk hos noen av de overlevende på sjøen.

Mens han fortsatt hadde bildet av kvinnens sønn i øynene, møtte han en sjømann hvis ansiktsegenskaper var svært like.

Sjømannen hadde mørkt hår, et høyt panne, en akvatisk nese, tynne lepper og en uttalt hake. I en overfladisk undersøkelse kan han ligne portretet. Selv sjømannens alder kunne matche. Faktisk var det en god likhet.

Legen ble rammet av en ide.

Hvorfor ikke presentere denne unge mannen til den gamle damen hvis syn ikke lenger var perfekt? Denne velvillige bedrageri ville ha tillatt henne å stille sitt liv stille.

Legen forklarte alt for den unge mannen og spurte om han ville ta over sonens rolle. Men den unge mannen ville ikke vite.

Legen insisterte på å si:

"I utgangspunktet vil du bare gjøre en jobb for det gode, bare la som navnet ditt Peter i noen få minutter."

Den unge mannen ga veien.

"Så jeg ville ikke lyve, for navnet mitt er virkelig Peter, men jeg vil gjerne vite mer, hvem er akkurat denne damen?

"Det er en engelsk kvinne, en bestemt Sarah Richley."

Den unge Peter var blek og en dyp rystelse gikk gjennom hele kroppen og utbrøt da:

"Men det er min mor!"

Den gamle damen var virkelig hennes mor.

Saken ga resultatet at de to møtte på grunn av fem skipsvrak.

Men var det virkelig tilfeldig eller var det en utrolig serie med synkronisering?

For elskere av historier med en lykkelig slutt, vil vi si at etter gleden av å finne sønnen hennes, gjenvunnet kvinnen sin helse og bodde i mange år.

Hun har ikke mistet kontakten med Peter. Men sønnen fortsatte å seile.

Flere kilder på internett dokumenterer denne historien, for eksempel:

http://tardis.wikia.com/wiki/Sarah_Richley

Pentecostal Philip Harrelson husker denne historien hvert år i sin homily på mors dag.

Denne vanen blir husket på pastorens hjemmeside:

https://www.sermoncentral.com.

Noen hevder at historien ikke er sant fordi hendelsene fant sted i 1829, mens skipet i Leeds ble senere lansert.

Faktisk er hvert sjø fullt av skip med samme navn.

I tillegg til "City of Leeds" i vår historie ble en annen "City of Leeds" lansert i 1903 sammen med sin tvilling "City of Bradford". Et annet skip ble lansert i 1950 under navnet "City of Ottawa", men senere omdøpt "City of Leeds".

To mer lasteskip kalt "City of Leeds" ble lansert i 1908 og 1944.

Synkroniteter er utstrålingene fra en Universell ånd.

Er det noen avgjørende bevis på at synkroniteter ikke er illusjoner av vår psyke? Kan vi med rimelighet hevde at synkroniteter kommer fra et høyere sinn?

Vi finner bevis når vi oppdager eksistensen av synkroniske episoder der flere mennesker er involvert i å bygge en hendelse som bare rammer en av dem.

En lignende begivenhet er illustrert av den utrolige rekke fakta som jeg nettopp har foreslått i den forrige historien. Jeg vil påminn deg om at disse er fakta dokumentert i Marineregister.

Men det er ikke nok, det er mye mer.

Synkroniciteter påvirker ikke bare individers eller smågruppers liv. Faktisk griper disse fenomenene til å forme verdens kollektive skjebne.

Synkroniteter fører samfunn av mennesker, folk, nasjoner og hele verden til et høyere nivå av kunnskap.

Det er en måte for kulturell og åndelig utvikling. Synkroniteter fører menneskeheten til et ukjent mål som man bare kan forestille seg.

Jesuit-læreren Pierre Teillard de Chardin har teoretisert eksistensen av "Omega Point".

Dette er det høyeste nivået av kompleksitet og bevissthet.

Jeg tror at et "Kosmisk sinn" bruker synkroniteter for å lede menneskeheten til "Omega Point".

Mange mennesker tenker på en merkelig eiendommelighet av utviklingen av den menneskelige arten. Mannen dukket opp for 4 millioner år siden. Siden den tiden har mannen levd i millioner av år i en brutal natur av steinalderen

På den annen side har mennesket i løpet av de siste 12.000 årene opplevd et utrolig sprang i utvikling som har tatt ham fra steinalderen til jernalderen og deretter inn i informasjonsalderen som vi opplever akkurat nå.

Er det logisk at menneskeheten ikke har gjort et betydelig sprang i utvikling over millioner av år (bortsett fra evnen til å arbeide steinen på forskjellige måter) og så nådd dagens sivilisasjonsnivå på svært kort tid?

Bare i den siste 0,003% av utviklingen har mannen lyktes i å utvikle den nye teknologien som har forvandlet byer fra akkumulering av halmhytter til store skyskrapergrupper.

Det bør understrekes at selv om dyrene hadde samme historiske tid, opplevde de ikke åndelig utvikling eller atferdsmessig utvikling. En bestemt vitenskap som forener mennesker og dyr, kan ikke forklare dette faktum.

Hvis alt avhenger av mennesket, må evolusjonen bli gradvis over tid.

Men nei, hele vår utvikling, fra oppdagelsen av landbruket, fant sted i en minimal del av vår reise gjennom historien.

Kan man forestille seg at "Noen" eller "Litt energi" bestemte seg etter 99,997% av reisen at det var riktig tid for menneskeheten?

Tross alt, etter fire millioner år, bestemte noen seg for at menneskeheten må bli "presset", "ledet" til et høyere eksistensnivå?

I de siste fire århundrene har vi opplevd en periode med dyp materialisme.

På den tiden ble tilstedeværelsen av det som ikke kan veies, målt og reprodusert i laboratoriet avvist.

I motsetning til denne materialistiske tendensen vil mange synkroniteter som har utviklet seg siden forrige århundre, gjøre verden klar over at kosmos ikke bare er laget av materie.

Kosmos har to dimensjoner, materialet og det mentale.

Mange hendelser i de siste tiårene bekrefter dette. Vi husker:

- Arbeidet til Carl Jung, en respektert psykolog.

- Møtet og samarbeidet mellom Carl Jung og Wolfgang Pauli, Nobelprisen i fysikk.

- Utviklingen av kvantfysikk og oppdagelsen av fenomenet "entanglement", som vi vil diskutere i den andre delen av boka.

Alle disse hendelsene og mange andre relaterte hendelser kan betraktes som en del av en stor synkronitet.

Det er en synkronisitet som forårsaker sammenbrudd av falske myter, ifølge hvilke universet bare består av materiell styrt av kausalitet.

Samtidig forutser denne globale synkroniteten et nytt sprang fremover i menneskeheten. På dette nye nivået vil psykenes grunner, lenge undertrykt av materialisme, finne sin plass og mening.

Det er greit, men ... hvor er de vitenskapelige bekreftelsene?

Alt som har blitt sagt så langt, har kollidert med det absolutte flertallet av det vitenskapelige samfunnet og fortsetter å kollidere.

Disse miljøene benekter i utgangspunktet at det finnes noe som kan defineres som "psykisk" eller "åndelig".

De hevder at hele universet bare består av "ting" dominert av årsakssammenheng

Denne materialistiske tolkningen av moderne vitenskap ble født i det 18. århundre med fremkomsten av Opplysningene.

Opplysningene

Opplysningene, som ble født rundt 1700 i England, var en filosofisk, politisk, kulturell og sosial bevegelse. Denne fortolkningen av virkeligheten utviklet raskt i hele Europa, og nå sin topp i Frankrike.

Navnet "Opplysning" stammer fra vilje fra sine sponsorer og deres medlemmer. De ønsket å "opplyse" tankene til andre mennesker som etter deres mening ble skjult av overtro og uvitenhet på dette tidspunktet.

Opplysningene ble akseptert og overtatt av de fleste av de kultiverte og aristokratiske samfunn, til tross for motsigelsene til kirkelig makt.

Til slutt vant den materialistiske visjonen og lyktes i å håndheve åndens negasjonistiske verdier i sosiale skikker.

Fra de tidlige filosoffer ble grunnen sett som et nyttig middel til å se sannheter. I stedet opplevde opplysningspersoner grunn som et praktisk, operativt og funksjonelt verktøy for utvikling av mekanisk fremgang.

Etter opplysningene er de erobringer av grunn ikke lenger i filosofisk spekulasjon, men i oppnåelse av praktiske resultater.

Opplysningene hevder at grunnen bare er nyttig når det lykkes å forklare fakta og ting rasjonelt uten å referere til metafysiske argumenter.

Ønsker å befri folk fra det uberegnelige frykt for det ukjente, hevdet opplysningen at hver mann har evnen til å forstå virkeligheten som omgir ham. For å oppnå dette målet må man imidlertid frigjøre seg fra overtroisk tro.

Ifølge opplysningene er disse troene pålagt av en makt som er interessert i å holde folk uvitende og lettere å kontrollere.

Intentjonene var gode. Dessverre er intensjoner i kulturelle omdreininger alltid gode sette til de blir satt i bruk.

I praksis skjer det ofte at barnet blir vasket og deretter kastet bort med skittent vann.

Denne tendensen til opplysning fortsetter å forårsake skade i det moderne samfunn.

En av grunnleggende prinsippene i opplysning er at verden er en maskin. Denne maskinen følger de kjente lovene i fysikk og de som ennå ikke er kjent. Dessverre har maskinen ingen hensikt. Det er ingen hensikt i hele skapelsen, og derfor er det ingen hensikt i menneskenes eksistens. Mannen er også en maskin som oppfyller sine vitale funksjoner uten formål. Hvis enheten mislykkes, blir den kastet bort.

Denis Diderot var forfatteren av den berømte encyklopedi, som ble publisert i 17 bind fra 1751 til 1772, sammen med Jean-Baptiste D'Alembert. Diderot spiller dermed rollen som en forsker:

> "Vitenskapens yrke er å undervise og gi ingen moralske leksjoner.
>
> I hans lære må han gi opp "hvorfor" og bare må se på "hvordan".
>
> "Hvordan" er avledet fra ting, fra vesener. I stedet er "hvorfor" bare en frukt av intellektet. Forstanden er ikke pålitelig. Hvor mange absurde ideer, hvor mange falske antagelser, hvor mange kimeriske ideer kan bli funnet i sangene til ære for Skaperen! "

Til tross for denne avvisningen av all åndelighet og visjonen om den hensiktsløse og tilfeldige virkelighet, nektet opplysningen å være materialistisk. Filosofen Voltaire gjentok flere ganger at han ikke var klar for enten materialisme eller spiritisme.

Alderen av lys og litterære salonger

Nettopp på grunn av omfanget av opplysningstiden, som begynte i det 18. århundre, ble denne historiske perioden kalt "Siècle des Lumières".

Blant de viktigste hovedpersonene kan vi huske den franske Voltaire, Montesquieu og Fontanelle. Men disse hovedpersonene innrømmet at de var inspirert av den engelske filosofi, som var basert på empiriske grunnlag og vitenskapelig kunnskap, som er de dominerende elementene i tanken ved Locke, Newton og Hume.

Opplysningene fikk stor hjelp fra litterære salonger.

Denne kulturelle tradisjonen har vært til stede i Frankrike siden Louis XIVs dager.

På den tiden var det damer som var kjent for sin kultur og verdslighet. Disse damene organisert møter i deres stuer kalt "bureaux d'esprit". Noen ganger var arrangørene også menn med et godt sosialt rykte.

Dermed møte disse "bureaux d'esprit" organisert av innflytelsesrike medlemmer av den øvre middelklassen eller aristokratiet. Disse arrangørene inviterte kjendiser til samtaler og diskusjoner om aktuelle problemer.

Blant annet var salongen av Madame Geoffrin kjent. Denne damen invitert litterære og filosofiske kjendiser som Diderot, Marivaux, Grimm og Helvetius.

Også kjent for Paul Henri Thiry d'Holbach, som også organisert møter med de nevnte personer ved siden av Abbot Galiani og andre filosofer var.

Underlaget som matte opplysningene ble derfor hovedsakelig dannet av den aristokratiske og borgerlige klassen.

Dette forholdet kan forstå hvorfor teorier om opplysningstiden spres hovedsakelig på høye nivåer av samfunnet.

I populære sirkler var distribusjonen imidlertid nesten ikke-eksisterende.

De som skulle bli opplyste forblir i mørket og utelukket fra enhver bruk.

Men hvis vi ikke går inn i materialistiske og ateistiske posisjoner som Diderots siste tankefase, vises begrepet "Gud" i de fleste Opplysningstankerne.

For å forsone denne naturlige intuisjon med de teoriene de proklamerte, forsøkte illuministene å rettferdiggjøre guds eksistens på grunnlag av vitenskapelige argumenter.

Med tanke på den fantastiske perfeksjonen av skapelsen foreslo de eksistensen av et "evig geometer".

Dette var et problem som plaget Voltaire:

> "Når jeg dømmer rekkefølgen og den fantastiske evnen til de mekaniske og geometriske lovene som styrer universet, blir jeg beseiret av beundring og respekt.
>
> Jeg innrømmer den høyeste intelligensen. Jeg er overbevist om sin eksistens. Jeg er ikke redd for at noen kan forandre meg.
>
> Men hvor er den evige landmåler?
>
> Er han tilstede på et bestemt sted eller er han spredt overalt?
>
> Har han et nøyaktig rom eller ikke? Jeg vet ingenting om det. "

Dessverre forlot Voltaires tvil ikke spor i senere århundrer. I dagens vitenskapelige perspektiv er begrepet "Gud", selv i tvilsom form, blitt fullstendig slettet.

I dag, med svært få unntak, er det vitenskapelige miljøet fokusert på materialisme, men heldigvis kan de ikke spre disse teoriene.

Faktisk tror folk fra hele verden, selv de som levde lenge under regelen om ateistisk totalitarianisme, fortsatt at de ikke er maskiner.

Ifølge materialister er menn tilfeldige agglomerater av materie. Det er umulig for folk å eie en åndelighet og en sjel.

Merkelig nok mener materialister at "andre" er maskiner uten kritisk forstand, som oppfører seg i henhold til mekaniske lover.

Det eneste unntaket er de selv, fordi de er intelligente selv og kan håndtere autonome tanker.

Hva er lovene i klassisk fysikk som ikke kan brytes?

Denial av psykiske realiteter er basert på det faktum at de strider mot fysikkloven som universet vi kjenner til er basert på. Ikke bare klassisk fysikk, men også lovene i relativistisk fysikk er underlagt disse reglene. Dette er klare og detaljerte regler.

Kunnskapen om disse lover gjør det mulig å forutse når som helst hvordan materiell, som utgjør virkelighet, vil oppføre seg. Vi kan forutsi oppførselen til objekter, fra vår sigarettenner til den fjerne galaksen.

Det er et kriterium kalt "mekanikk" som regulerer det kjente universet. Hvert arrangement avhenger av årsak. Hvert faktum blir årsaken som forårsaker en påfølgende hendelse.

Et bevegelige objekt som treffer et ubøyelig objekt, skaper et trykk som kan beregnes nøyaktig.

Faktisk avhenger trykkningen hovedsakelig på vekten av de to gjenstandene og hastigheten til det første objektet. Det andre objektet beveger seg i sin tur i en retning som kan forutsies. Hastigheten og varigheten av bevegelsen kan også forventes.

I tillegg må alt for å bevege seg ha et "miljø".

For eksempel beveger et skip over vann og en bil beveger seg på veien.

Musikk og stemme spres gjennom luften og bæres av lydbølger.

Vurder de tre viktigste lovene.

Den første loven er retningsretningen, også kalt "tidspil".

Tiden går bare framover, og fakta som allerede er gjort, kan ikke rettes eller endres.

Tidspunktet for hendelser bestemmes av tidens gang, noe som aldri tillater oss å reversere, selv om det noen ganger ville være ønskelig å gå tilbake til fortiden.

Den andre loven gjelder hastighet. Ingenting kan bevege seg med en hastighet som er større enn lysets, tilsvarende 300.000 km per sekund.

Konsekvensen av den tredje loven er at hver kraft reduserer sin styrke som en funksjon av avstanden. Dette påvirker spesielt tyngdekraften og magnetismen.

For eksempel, gravitasjonskraften som tiltrekker seg to planeter, avtar med avstanden til planetene.

Gravitasjonsspenningen av Jorden påvirker dens satellitt, månen. Påvirkningen på satellittene til Jupiter som Europa eller Ganymede er imidlertid absolutt mindre.

På samme måte tiltrekker en magnet en jernobjekt på en bestemt avstand: Men hvis vi legger objektet lenger bort, reduseres tiltrekningen og til slutt endes.

Hele universet vi opplever, adlyder disse lovene. Derfor kan vi forstå forlegenhet på offisiell vitenskap, gitt muligheten for at noe unnslipper disse lovene. Sikkert, ting som ikke overholder fysiske lover inkluderer ekstrasensoriske oppfatninger.

Ifølge offisielle kilder, kan foreboding ikke eksistere fordi du ikke kan først vite noe som vil skje senere.

Hvor kan informasjon om foreboding komme fra? Det finnes ingen fysisk beholder som lagrer informasjon om fakta som vil skje i fremtiden. Det er ikke noe arkiv av hendelser som ennå ikke har skjedd.

Menneskelig tanke nevnes ofte for å si at det sikkert beveger seg raskere enn lys. Tanker kan utforske både fortiden og fremtiden. Tanker kan nå alle områder av vårt univers og andre mulige universer med samme intensitet. Dette kan betraktes som en konflikt med de fysiske lovene nevnt i de foregående avsnittene.

Vitenskapens svar er veldig enkelt. Tenk er basert på hjernen vår og beveger oss ikke fra her. Tanken kommer ikke ut av skallen.

Alle mentale kreasjoner er født og dør i noen få kubikkcentimeter av den fysiske hjernen.

I praksis er tenkning en illusjon, ikke en realitet.

I denne forstand er forutsetninger illusjoner som oppstår som avfallsprodukter i samme hjerne. Selv telepatisk kommunikasjon er ikke mulig fordi ingen tanke kan komme fra ett hode til å fly inn i et annet hode.

For å støtte eksistensen av en psykisk virkelighet som den som er beskrevet i den første delen av denne boken, er det derfor nødvendig å oppdage en dimensjon av universet der reglene i klassisk fysikk ikke lenger er gyldige.

Denne dimensjonen skal lignes på Jungs kollektive ubevisste. Hvis denne psykiske dimensjonen eksisterer, kan den sikkert ta imot Platons ideer, Carl Jungs arketyper og enhver annen ikke-materiell virkelighet.

Inntil 1950 hadde ingen forsker satt en eneste mynt på denne muligheten. I stedet har det vært en stor forandring de siste tiårene.

Kvantfysikk har gjort store fremskritt i å studere fysisk virkelighet i ekstremt liten skala.

Muligheten for at en utelukkende psykisk dimensjon virkelig eksisterte, var allerede spådd i begynnelsen av forrige århundre. Fra 1980-tallet var eksistensen av denne dimensjonen endelig itenskapelig bevist. Vi snakker om resultatene av eksperimenter på fenomenet quantum entanglement.

Samarbeid mellom vitenskap og psyke

I flere tiår har det vært god synkronisering som påvirker hele planeten. Denne globale synkroniteten fører menneskeheten til en helt annen forklaring på årsakene til vår eksistens.

Universet er ikke lenger en kaotisk opphopning av materiell bestemt av en tilfeldighet. I denne nye visjonen er universet en samling av materie og psyke, oppbygget på en ordnet måte og styrt av et universelt sinn.

Denne globale synkronisiteten representerer summen av mange signifikante sammenfall. Dette inkluderer sikkert møtet med den schweiziske psykologen Carl Gustav Jung med den østerrikske forskeren Wolfgang Pauli. Vi husker at Pauli ble tildelt Nobelprisen for fysikk i 1945.

De to forskerne møtte i Zürich, hvor de begge bodde. Carl Jung praktiserte yrket som psykoterapeut. I stedet var Pauli professor i teoretisk fysikk ved Institutt for teknologi.

Møtet fant sted i 1932. På dette tidspunktet hadde Pauli bedt om en avtale med Jung for å undersøke muligheten for en analytisk terapi.

Faktisk stoler Pauli på Jung for å løse noen av de eksistensielle problemene som oppstår fra de menneskelige saker som han var involvert i.

I begynnelsen led Pauli av morens selvmord noen år tidligere. En annen grunn til lidelsen var hans fars nye ekteskap med en veldig ung kvinne av samme alder som Wolfgang.

En annen sterk årsak til lidelse var at han ikke giftet seg med Kathe Deppner, en kabaretdanser.

En annen sterk årsak til lidelsen var at hun ikke giftet seg med Kathe Deppner, en kabaretdanser.

Dessverre varte dette ekteskapet bare noen få uker. Som et resultat gikk Pauli gjennom en svært vanskelig fase i hennes liv. Det var årsakene til at han ba om Jungs hjelp.

Umiddelbart etter det første møtet, utviklet en annen form for dialog mellom de to forskerne.

Jung ga jobben med psykoanalytisk terapi til en lege som var hans medarbeider.

I stedet var emnet for møtet mellom de to deres respektive vitenskapelig kunnskap. Dette forholdet varte i minst tjuefem år. Som de to bodde på forskjellige steder, ble personlige møter en tett korrespondanse.

I deres argumenter nådde Jung og Pauli grensene for deres respektive fagområder, kvantfysikk og psykologi. De to søkte en sammenheng mellom de to vitenskapene.

På denne måten ble det etablert en sammenheng mellom to undersøkelsesområder, som til da ble ansett å være helt uforenlige.

Et kulturelt ekteskap ble født mellom Jungs kreativitet og strenge av Paulis vitenskapelige disiplin. Med stor tålmodighet konfronterte de sine teorier uten å finne grunnlag for misforståelser eller argumenter. Dette skjedde til tross for misforståelsene i det respektive vitenskapelige miljø.

Pauli studerte Jungs tenkning og delte det alvorlig. På denne måten overgikk han den fremherskende mentaliteten i alderen, som definerte de psykebaserte teoriene som "meningsløse".

Pauli opprettholdt en kritisk holdning, men forsøkte å forstå Jungs teorier.

Selvfølgelig var hovedtemaet for dialogen mellom Jung og Pauli forholdet mellom fysikk og psykologi, det vil si mellom psyke og materie. Det er viktig å merke seg at Pauli ikke var interessert i synkronisering for å tilfredsstille en kulturell nysgjerrighet. Han trodde at han hadde vært hovedpersonen i synkroniske episoder flere ganger i sitt liv.

I 1952 publiserte Jung og Pauli en bok sammen, *"Naturerklarung und Psyche"*. Både deres avtale og deres forskjeller kan forstås på sidene i denne boken.

Jung bidro til sitt arbeid ved å skrive *"Synchronicity: A Acausal Connecting Principle"* Pauli bidro i stedet med essayet *"The Influence of Archetypal Ideas on the Scientific Theories of Kepler"*.

Det må sies at Jung nølte lenge før han publiserte sin teori om synkronitet. Det var Pauli selv som overtalte ham til å introdusere henne til dette essayet.

Samlet sett kom Pauli og Jung med på at materie og psyke må forstås som komplementære aspekter av virkeligheten selv.

Virkeligheten bestemmes av arketyper, som må forstås som felles ordningsprinsipper. Dette betyr at arketyper er elementer som ligger i et lag som er utenfor materialet.

Pauli kritiserte den materialistiske overbevisningen som er tilstede i sitt arbeidsmiljø. Han delte ikke fornektelsen av alt knyttet til åndelighet, følelser og menneskelige følelser.

Pauli var overbevist om at i nær fremtid kan forholdet mellom materiens ytre verden og den indre verden av psyken ikke lenger ignoreres.

Kvantesammenfiltring

Den fysiske loven som heter "bevaring av energi" er en av de viktigste i naturen. I sin mest studerte form står denne loven at energi kan forvandles og omformes fra en form til en annen.

Men selv om formen på energien endres, endres den totale mengden ikke med tiden. Vi refererer til energien til et "isolert system". Selvfølgelig er universet et isolert system.

Richard Feynman er en amerikansk fysiker. I 1965 mottok han Nobelprisen i fysikk. I sin bok "Feynman Fysikk, Vol.I" snakker Feynman om bevaringsloven:

"Det er en lov som styrer kjente naturlige hendelser, og det er ingen unntak fra denne loven, så det er så vidt vi vet, riktig.

Loven heter "bevaring av energi" og er faktisk en veldig abstrakt ide fordi det er et matematisk prinsipp.

Loven sier at det er en numerisk størrelse som ikke endres, hva som skjer. Hans uttalelse beskriver ikke en mekanisme eller noe konkret. Dette er et rart faktum. Vi kan beregne et bestemt tall som representerer universets totale energi. Da ser vi på ting som de endrer seg.

Hvis vi ser på naturen i lang tid etter hvert som den utvikler og deretter beregner nummeret, innser vi at tallet ikke har endret seg."

Det er ingen tvil om at vi kan anta at universets totale energi kan ta forskjellige former, men forblir uendret.

Denne loven utgjorde enorme problemer som vitenskapen begynte å studere saken på det subatomære nivået, det vil si på ekstremt lite nivå.

Vi prøver å forstå hvorfor.

Elementære partikler er utstyrt med "spinn". "Spinn" er veldig lik en rotasjonsbevegelse. Også spin er underlagt lov om bevarelse af energi.

Så, hvis vi tar en elektron med "spin" lik null og deler den i to deler, har en del "spin" +1/2 (positiv halvdel) og den andre har "spin" -1/2 (negativ halv). , På denne måten er summen av de to halvdelene alltid null, som i den opprinnelige elektronen. Dette betyr at bevaringsloven overholdes.

Nå gjør vi et eksperiment.

Anta at etter å dele en elektron i to deler, tar vi en av de to halvdelene og flytter den til en hvilken som helst avstand vi kan forestille oss.

Uavhengig av avstanden mellom de to delene, deres "spin" ændres ikke for ikke å bryte bevaringsloven.

Men la oss fortsette eksperimentet vårt.

Ta en av de to delene, for eksempel den med "positiv halvspinn", og reverser "spin" slik at den blir "halv negativ".

Hva skjer på dette punktet? Det skjer at den andre halvdelen, uansett hvor den er i universet, også reverserer sin "spin".

"Spinn" i den andre halvdelen, som var "halv negativ", blir "positiv halvdel".

De to "spinnene" endres ikke "den ene etter den andre", men "samtidig".Det er viktig å forstå at forandringen foregår på nøyaktig samme tid. Informasjon tar ikke tid for å bli kjent i begge deler.

Med vårt eksperiment har vi reprodusert effekten av "relaterte spinn".

Våre to partikler kalles "korrelert" fordi de ble født sammen når vi splittet den opprinnelige elektronen i to deler. Den overraskende nyheten er at de relaterte partiklene kommuniserer med hverandre på hvilken avstand de er i.

Når en partikkel endres, endres den andre samtidig fordi loven om bevaring av energi ikke kan brytes.

lov om bevarelse af energi kan ikke krenkes selv med en halv elektron, noe som er en absolutt ubetydelig del av universet.

Hvis vi sier det, ser det ut til å være svært lite, men når vi tenker på det, er det vi nettopp sa *strid med alle klassiske fysikklover.*

En regel som ignoreres, er i forhold til lysets hastighet, som aldri kan overskrides. Faktisk er denne hastigheten sterkt overskredet. Som vi har sett, kan vi plassere de to partiklene på en hvilken som helst intergalaktisk avstand, enda en milliard lysår fra hverandre. Til tross for denne avstanden reagerer hver partikkel i tide på endringene i den andre.

Regelen for tidsretningen brytes også. Basert på denne regelen oppstår hver hendelse som et resultat av en tidligere hendelse.

I det tilfellet vi undersøker, endrer de to delene ikke sin rotasjon etter hverandre, men samtidig.

om årsakssammenheng, på hvilket grunnlag hver hendelse skyldes en annen hendelse, er ikke lenger gyldig. Dette er også konsekvensen av contemporaneity.

Et annet prinsipp som ignoreres, er demping av kraftfelt som en funksjon av avstanden.

I følge dette prinsippet bør de to delene endres sterkt med økende tilnærming. Etter hvert som avstanden øker, bør de endres med redusert kraft.

Ikke så: "Kraftforbindelsen" som forbinder de to partiklene forblir absolutt og konstant i rom og tid.

Forbindelsen som forener de to partiklene er gitt det vitenskapelige navnet "entanglement", et ord på engelsk som kan oversettes som "veving".

Denne termen refererer til forbindelsen som oppstår mellom to ko-genererte partikler, det vil si "korrelerer".

Denne forbindelsen har mer åndelige enn fysiske egenskaper. Lignende ting skjer ofte mellom menneskelige tvillinger.

Den vigtigste observation blev efterladt sidst, og dette er: hvordan kan de to halvdelene av elektronen kommunisere med hverandre?

Det er indlysende, at når en af de to halvdele ændrer rotationsfølelsen, går ændringsnyheden ikke gennem nogen fysisk plads og overføres ikke på nogen måde.

Hvis dette sker, bør der være en forsinkelse.

Handlingen og reaksjonen er imidlertid rettidig.

Det er ingen "tid" der informasjon fortsatt er på gaten og den andre delen venter på å motta den.

Informasjonen er her og der. Det kan sies mer enkelt at informasjonen eksisterer helt. Begge partiklene har det. De to halvdelene av elektronen deler informasjon som om de fortsatt var en hel elektron.

Teorien er vitenskapelig bekreftet.

Nyhetene av kvantfysikk ble presentert av Niels Bohr og hans team av forskere "The Copenhagen

School". Denne arbeidsgruppen lagde grunnlaget for kvantfysikk i forskning, som har blitt gjennomført siden 1927. Dessverre ble deres funn ikke godt mottatt i den vitenskapelige verden.

Spesielt dømte Albert Einstein denne teorien som umulig. Han trodde at begrunnelsen var feil.

Ifølge Einstein manglet teorien et stykke som han kalte "den ukjente variabelen".

I praksis ga beregningene ifølge Einsteins vurdering feil resultater fordi visse elementer ikke ble tatt i betraktning.

Hvis han hadde lagt til den såkalte "ukjente variabelen" til likningene, ville Niels Bohr ha fått resultater nærmere den klassiske fysikken. Einstein var spesielt bekymret fordi Bohrs kvanteorientering også var i motsetning til relativitetsteorien.

Noen forskere spottet Bohrs funn.

Einstein, selv om han var overbevist om hans argumenter, var for smart til å bestride en vitenskapelig teori før den teorien ble nøyaktig evaluert.

Han hevdet videre at Bohrs ligninger var feil. Albert hadde imidlertid ingen fordommer og ønsket å se tydelig. Her ligger hans storhet som forsker.

I 1935 foreslo han et berømt eksperiment, kjent som EPR-eksperimentet. Akronymet kommer fra navnet på de tre fortalerne, det vil si, sammen med Einstein, Podolski og Rosen.

EPR var et "Gedankenexperiment", et tankeeksperiment.

I praksis ga beregningene ifølge Einsteins vurdering feil resultater fordi visse elementer ikke ble tatt i betraktning.

Denne typen eksperiment, selv om den er teoretisk, kan gi pålitelige resultater.

Psykiske eksperimenter brukes fortsatt i dag når de tekniske eller økonomiske midlene mangler å utføre dem i laboratoriet.

Faktisk har utviklingen av EPR-eksperimentet

avhørt troverdigheten til kvantteorier. Det avhenger også av kompleksiteten i den utøvende protokollen.

Som et resultat oppdaget det vitenskapelige samfunnet resultatene, men anså ikke dem endelige.

Mange år senere, i 1964, ble en annen forsker interessert i emnet igjen.

John Stewart Bell publiserte en artikkel der han foreslo en forenklet versjon av EPR-eksperimentet. I samme artikkel foreslo Bell en praktisk metode for å gjennomføre eksperimentet i laboratoriet og oppfordret det vitenskapelige samfunn til å gjennomføre det.

Invitasjonen ble samlet av Alain Aspect, en fransk eksperimentell fysiker. I årene 1980 til 1982 gjennomførte Alain Aspect eksperimentet i laboratoriet.

I praksis spente han et elektron for å tvinge ham til et dobbelt kvantesprang.

Den opphissede elektronen avgir to elementære partikler i dobbelthoppet, det vil si to fotoner. Selvfølgelig var de to fotoner "relaterte", siden de ble født i samme hendelse.

Aspects eksperimenter bekreftet alle spådommer om kvantefysikk og fenomenet "entanglement".

De to partiklene produsert av Aspect i laboratoriet oppfører seg akkurat som beskrevet i Bohrs teori. Det vil si at de to fotonene har gjentatt oppførelsen beskrevet ovenfor med hensyn til de to halvdelene av et elektron.

Dette betyr at de har brutt alle reglene i klassisk fysikk. I de følgende årene ble eksperimentet gjentatt og bekreftet av mange forskere.

I dag eksperimenterer laboratorier ikke lenger med "inngrep" av to partikler. I moderne laboratorier genereres tusenvis eller millioner av partikler i en enkelt hendelse.

Dimensjonen som går utover materielle ting

I henhold til dagens vitenskapelig kunnskap kan vi anta at kommunikasjonen på nivået av

elementære partikler foregår med en metode som
er helt uavhengig av saken.

Partiklene kommuniserer på et nivå hvor tid og
rom ikke utøver sin kraft. I dette flyet oppfører to
eller flere relaterte partikler seg, selv om de er
adskilt av uendelige avstander, som om de var en.

""Plassen"" eller nivå hvor dette oppstår, kalles
"ikke-lokalitet". Det er en psykisk "plass" fordi den
ikke kan plasseres hvor som helst.

Vitenskapen godtar det ikke-lokale rommet med
store vanskeligheter. Faktisk kan ikke dette
rommet veies, måles eller reproduseres i
laboratoriet.

Men hvis dette rommet eksisterer, kan andre
begreper om menneskelig tanke finne sin plass i
den.

For eksempel siterte vi det "kollektive ubevisste"
av Carl Jung eller Platons "Soul of the World".
Subatomære partikler fungerer i det ikke-lokale og
ingen kan bestride dette. På samme måte blir den
menneskelige tankens psykiske innsikt verdig til å
studere og vurdere.

Noen kan hevde at fenomenet "entanglement"
bare skjer mellom partiklene som brukes i
laboratoriet.

Vi kan minne disse skeptikerne om at hele
universet ble født fra et stort laboratorium. Vi kan
tenke på det opprinnelige universet som et "sted"

der en stor, unik eksplosjon kjent som Big Bang fant sted.

Denne eksplosjonen har skapt all materie i universet.

Derfor ble hele saken om universet født fra samme begivenhet.

Dette betyr at alt materie i universet er sammenkoblet og representerer en unik virkelighet. Dyr, planter og mineraler er laget av tilhørende atomer. Planeter, konstellasjoner og hele kosmos er sammenkoblet. Carl Jung og Wolfgang Pauli kalte denne virkeligheten "Unus mundus".

Hvilken rolle spiller sammenfall i mitt liv?

På dette punktet kan enhver leser legitimt formulere dette spørsmålet og vente på et svar. Vi vet at betydelige sammenfall forekommer. Dessverre har vi vurdert tilfeldigheter som bisarre og noen ganger mystiske fakta som ikke er relevante i vårt daglige liv.

Vesentlige tilfeldigheter kan defineres mer presist med navnet "synchronicity". Med dette navnet peker vi på ledetråder som prøver å forklare meldingene og intensjonene til et "Mind of the World".

Hver synkronisering inneholder en melding rettet til oss som styrer oss i indre vekst. Dessverre er språket i disse meldingene symbolsk. Vi streber etter å sette riktig bølgelengde for å dekode innholdet i disse meldingene. Et sitat fra den amerikanske fysikeren Joseph Henry kan hjelpe oss med å forstå konseptet:

"Frøene til alle de store funnene er stadig til stede i luften som omgir oss, men de faller og tar rot bare i forberedte sinn"

Vi er vant til å tildele uvanlige fakta til sjanse. Når sjansen er negativ, tilskriver vi det til skjebne, mens, hvis det er positivt, tilskriver det til Fortune.

Vi sitater noen andre kjente setninger. Arthur Schopenhauer sa:

"Destiny blander kortene og vi spiller."

I stedet snakket Louis Pasteur om flaks:

"Fortune favoriserer den forberedte ånden"

Disse uttalelsene innebærer at enhver mulighet, kombinert med en dose forberedelse, kan hjelpe oss med å bygge et bedre liv.

Forberedelsen består i å vite hvordan man mottar kjøresignalene i god tid på samme måte som vi kan lese veiskilt mens du kjører bilen vår.

Synkroniteter er retningsskilt, indikatorer som symbolisk angir retning.

Det er vanskelig å forstå de symbolske budskapene som kommer fra den åndelige dimensjonen fordi vi lever dypt i den fysiske dimensjonen.

I tillegg, som allerede nevnt, er synkronisitetene konstruksjoner av hendelser som er skilt fra hverandre. Disse hendelsene har ingen årsakssammenheng og er fordelt i rom og tid, så det er vanskelig å forholde seg til dem.

Samfunnene er bare fornuftige hvis vi lykkes i å tildele mening.

Vi må ofte bruke en irrasjonell mental prosess for å knytte visse fakta sammen.

I mange tilfeller er det nødvendig å ignorere den daglige logikken om temporalitet, ifølge hvilken noen ting skjer før og andre etterpå. Dette spiller ingen rolle i synkroniteter, og fakta kan plasseres hvor som helst på tidsskalaen.

Betydningen vi tilordner synkronisitet er skapt på et åndelig nivå.

Så hvis vi vil forstå hvorfor vi legger særlig vekt på fakta, må vi undersøke dybden i våre sinn. Tolkningen utarbeidet av vårt sinn er alltid opplyst av de symbologiene vi besitter.

Symbolikken til synkronisitetene vi mottar er alltid knyttet til de symbologiene som finnes i vår psyke.

Vi holder tolkningsnøkkelen til synkroniseringene vi mottar. Denne nøkkelen er tilstede i vår bevissthet eller i vår bevisstløshet.

Synkroniteter er arketypiske symboler. De kan ikke manifestere seg i en helt ukjent symbolsk form. Når en person mottar en synkronitet i en symbolsk form, har dette symbolet allerede gått fra den kollektive ubevisste til den enkelte ubevisste.

Symbologiene fremkalt av synkroniteter er ikke skjult fordi de allerede er til stede, forankret og sammenflettet i vårt bevisstløse.

Dekrypter synkroniteter.

Synkronisitetene har visse egenskaper som gjør at meldingen kan dekrypteres nesten utelukkende for mottakerne. Disse egenskapene er den symbolske karakteren og den tette forbindelsen med individet ubevisst av personen.

Et unntak kan være metoden til profesjonelle terapeuter. De er i stand til å utdype lagene av dyp bevissthet, de som ikke kan bli objektivt utforsket selv av pasienten selv.

I de fleste tilfeller vender ingen til en psykoterapeut for å få hjelp til å avsløre symbolikken til synkroniske meldinger..

Derfor kan vi gi deg noe grovt råd som kan hjelpe tolkningen.

Det første råd er åpenbart.

Aldri vurdere betydelige tilfeldigheter som enkel tilfeldighet. De kan være meldinger fra et "høyere sinn".

Denne "ånden" koordinerer universets harmoni og ønsker å hjelpe oss med å opprettholde vår harmoni. Det vil gjøre oss til et velvære.

Det andre rådet er å stole på din egen vurdering. Vår dom er absolutt den mest kvalifiserte og best informert om å lede vår indre evne til å utarbeide betydningen av symbolene.

Som allerede nevnt har hver de tolkende nøklene til symbolene han mottar.

Symbolene er arv fra hele menneskeheten, men de er nært tilpasset vårt "Selbst", vår kultur og vårt syn på verden.

Vi kan si at symbolet er som en fingertupp. Det er milliarder fingre, men samtidig finner vi ikke to av dem. Alle har sine egne fingeravtrykk, som er unike og umiskjennelige.

Det tredje rådet er at det ikke er noe skynd å tildele betydninger.

Ofte består en synkronisering av flere temporært fordelte hendelser. Vi må lage en hemmelig skuff i vårt sinn der vi slipper meldingene vi ikke forstår.

Hver gang vi mottar en ny melding, må vi sammenligne det med alle de vi ikke har løst enda. Denne praksisen kan føre til overraskende resultater.

Hvis vi sletter noen merkelige tilfeldigheter, er det fare for at vi vil bryte en sti. Kanskje det kansellerte tilfellet var en viktig link.

Faktisk kan synkronisitet spredes over dager eller måneder eller til og med år, og enhver ny signifikant tilfeldighet kan være konklusjonen av en tidligere tilfeldighet.

Stedet der synkronisitetene kommer, blir ofte referert til som "ikke-lokalitet" fordi det ikke er mulig å plassere dem enten romlig eller temporært. På det ikke-lokale nivået er det ikke plass eller tid. Kvantfysikk og den nylige oppdagelsen av fenomenet "entanglement", som jeg har beskrevet i sine essensielle elementer, beviser dette vitenskapelig.

Som et tillegg til dette tredje rådet gir jeg et nytt hint.

Mange lærde og forfattere støtter nytten av å holde en dagbok av tilfeldigheter. I denne dagboken kan vi også identifisere de store drømmene som ramte oss mest. Drømmer kan være synkron eller profetisk. Dette gjelder spesielt når den drømte hendelsen faktisk finner sted. Dette er sjeldne tilfeller fordi selv drømmer er basert på symboler. Det er mulig å få mening om en begivenhet ved å koble den til en drøm.

De tre nivåene av virkeligheten

Fra det som har blitt vist i tidligere kapitler, er det en fremstilling av universet som er svært forskjellig fra det vi tenkte på.

Selvfølgelig fortsetter vi alle å se verden som vi alltid har sett det. Dette er fordi de fem sansene som naturen har gitt oss, er skreddersydd for å oppleve denne verden.

De vitale nødvendighetene og overlevelsesbehovene betyr at vi kan se, berøre, lukte, høre og nyte virkeligheten av dimensjonen som passer oss.

Faktisk er våre sanser ikke effektive utenfor vår dimensjon. Vi kan ikke utforske fjerne galakser med øynene våre. Øynene våre kan ikke observere bevegelsene til mikrober.

Vi oppfatter heller ikke lukten av eksplosjonen av supernovaer eller fargen på molekylene som utgjør de forskjellige kroppene.

Disse funksjonene går ut over våre grunnleggende behov. Evolusjonen har kun spesialisert oss på det som er uunnværlig for vår eksistens.

De fleste frekvenser produserer farger og lyder som ikke er synlige eller hørbare for oss

Sans for berøring og smakssans gjør oss, så langt vi ser dem som raffinert, bare å skille mellom et lite utvalg av aromaer og lukter klart.

Vi kan si at våre fem sanser er veldig grove og svært begrensede i forhold til de uendelige variasjonene som universet produserer.

Men vi har også to andre sanser. Den sjette følelsen er intuisjonen som gjør at vi kan behandle svært nyttig informasjon i det enkle hverdagen, selv om denne informasjonen ikke er nødvendig for å overleve.

Intuisjon er et fantastisk verktøy som behandler våre erfaringer og gir adferdsmessige anbefalinger.

De første mennene kunne gjette hvilke bær som kunne være spiselige eller hvilke insekter som kunne være giftige ved å vurdere deres farge eller kroppsformen.

I dag bruker vi intuisjon til å evaluere mennesker og omstendigheter . Takket være intuisjon kan vi ofte skape en spontan mistillit til de som vil bedra oss. Så vi kan også gjette hvem som kunne hjelpe oss.

Intuisjon hjelper oss å gjenkjenne de positive og negative aspektene av en bestemt virksomhet. Intuisjon spiller vanligvis en avgjørende rolle i våre beslutninger. Intuto er absolutt et ufullstendig verktøy, men erfaringen hjelper oss med å forbedre den.

Sjette sans eller intuisjon er basert utelukkende på tanker, men har ingenting mystisk. Informasjonen vi bruker til å formulere våre vurderinger er alt i vårt minne og i vår kulturelle bagasje. Hele intuitiv prosessen foregår i vår psyke. Intuisjon bruker bare kunnskapen vi allerede har. Selvfølgelig tilsvarer intuisjonen verden utenfor psyken, dvs. fysisk realitet.

Kvantumniveau og ikke-lokalt niveau

Det niveau, vi lever i, kan defineres som et "fysisk niveau". Det fysiske laget består av faste objekter som er skilt fra hverandre.

Dette flyet dekker også den ekstremt store delen av kosmos som planeter og konstellasjoner.

I dag sier vitenskapen at det er minst to andre nivåer. Selv om vi ikke kan forstå disse nivåene med våre begrensede sanser, eksisterer de fortsatt. Deres eksistens er bekreftet uten tvil.

Det andre nivået er kvante nivået Dette er et "rom" hvor elementære partikler beveger seg og arbeider fritt. Disse partiklene er ikke gjenstand for noen restriksjoner som påvirker makroskopisk nivå av materie.

Som vi har sett, danner partiklene gjensidig bindinger uten romlig og tidsbegrenset begrensning.

Denne egenskapen antyder eksistensen av et tredje nivå, det for ikke-lokalitet, som ikke er laget av materie. Ikke-lokaliteten inneholder bare energi og informasjon.

Nonlocality er det nivået som hele universet er koblet til og danner en universell "entanglement". Ikke-lokaliteten inneholder all informasjon, det er den kosmiske intelligensen som ble oppnådd fra første skapelsesmoment.

Denne informasjonen støttes av ukjent og ubegrenset energi som distribuerer den til hvor den er nødvendig.

Den syvende sansen

Hvis vi ønsker å få tilgang til ikke-lokal virkelighet, kan de fem sansene ikke hjelpe oss. Ikke engang intuisjon kan hjelpe oss. Vi trenger den syvende sansen.

Den sjette sansen kommer til vår redning ved å behandle kun informasjonen vi har samlet i vår daglige opplevelse.

I stedet gir den syvende formen oss mulighet til å koble sammen med et enormt rikere innskudd som inneholder all universums opplevelse.

Fra dette innskuddet går prediksjonene, hunches og hele serien av fenomener som vi kaller ekstrasensory ned i vår bevissthet.

Nivået av ikke-lokalitet har alltid vært kjent for alle sivilisasjoner, alle filosofier og enhver religion. Dessverre kunne hans eksistens ikke bevises. I dag er det endelig bevis. Vi kan være sikre på at overlegen intelligens styrer funksjonen av det ikke-lokale nivået. Hvordan kan dette nivået faktisk bestemmes ved en tilfeldighet?

Fra dette nivået mottar vi meldinger. I de fleste tilfeller er disse meldingene symbolske og vi sliter med å dekode dem.

Det er imidlertid mulig at menneskeheten vil kunne utvikle en mer avansert forståelsesplan enn den nåværende.

Alle kan ringe nivået av ikke-lokalitet med ditt foretrukne navn. Vi kan nevne mange uttrykk: universelt sinn, globalt sinn, ideens verden, universets ånd, kollektiv ubevisst, nonlocality, Tao, Atman, Gud, Hellig ånd.

Vi vet at denne større enheten eksisterer. Vi vet også at det bidrar til vekst av enkeltpersoner og utvikling av hele menneskeheten.

Vi har referert til disse hjelpemidler som "meningsfylte tilfeldigheter" og "synkronisering" og har henvist til Jungisk teori. Men noen kan nevne disse inngrepene med det navn han foretrekker: inspirasjon, profetier, åpenbaringer, mirakler eller hva som helst.

Kanskje vil vi aldri kunne avsløre i detalj de hemmelighetene vi har snakket om. Det er imidlertid en viktig nyhet.

Tidligere har vi henvist til foreslåtte hypoteser, men kunne ikke gi bevis.

I dag snakker vi med tillit og selvtillit, og refererer til et åndelig eller mentalt nivå som faktisk eksisterer.

Bibliography

Amir Dan Aczel, Entanglement. The greatest mystery of physics.
Barbour Julian, End of the time.
Barrow John David, From zero to infinity. The great story of Nothing.
Barrow John David, The numbers of the universe,
Barrow John David, Why is the world a mathematician?
Barrow John David, look Frank The anthropic principle.
Beitman Bernard, Messages from coincidences.
Cambray Joseph, Synchronicity. Nature and Psyche In a connected universe.
Cantalupi Tiziano, Santarcangelo Donato, Psychism and reality. .
Capra Fritjof, The Tao of physics.
John Cederquist, Coincidences They don't exist.
Cesati Cassin Marco, We're not here by chance.. The power of coincidences.

Subrahmanyan Chandrasekhar, Truth and Beauty. The reasons for aesthetics in science.
Chinnici Giorgio, Case Guard. The secret mechanisms of the quantum world
Chopra Deepak, Coincidences
Ford Kenneth, The world of Quanta. Quantum physics For everyone.
Gamow George, The Adventures of Mr. Tompkins.
Gamow George, Mr. Tompkins ' New World.
Goswami Arneb, Quantum Lighting Guide.
Greene Brian, The plot of the cosmos. Space,
Greene Brian, The hidden universes of parallel reality And the profound laws of the cosmos.
Greene Brian, The elegant universe. Superstrings, hidden dimensions and the pursuit of definitive theory.
Hawking Stephen The Universe in a nutshell.
Hawking Stephen The theory completely. Origin and destination Dell Universe.
Hawking Stephen The great history of the time.
Hawking Stephen Do Big Bang For black holes. A brief history of the universe.
Heckler, Richard, Coincidences.
Robert Hopke, Nothing happens by chance.
Joseph Frank, The power of coincidences.
Young Carl The analysis of Dreams. Archetypes of the unconscious. Synchronicity.
Young Carl Memories, DreamsReflections.

Kane Gordon, The Garden of Particles Elemental.

Shani Mani Quantum. From Einstein In Bohr, quantum theory, a new idea of reality..

Rei Hans, Christianity and Chinese religiosity.

Lederman Leon, Hill Christopher, Physical Quantum for Poets

Licata Ignazio, Watching the Sphinx.

Motterlini Matteo, Mental traps.

Peat David, Synchronicity. A union between the matter e Psyche.

Popper Karl, The Ego and your brain.

Radin Dean. Intertwined minds. Psychic phenomena explained by quantum physics.

Rhine Louisa, Psychokinesis. in mind Dominates matter..

Schumacher Ernst, A guide to the Perplexed, the B

Sheldrake Rupert, The illusions of Science.

Sheldrake Rupert, The mind Extended..

Michael Smith, Young and Shamanism.

Sparzani and Panepucci. (Curators) Young and Pauli. The original correspondence: The meeting between psyche and matter.

Henry Stapp Quantum theory and free will..

Michael Talbot, All is a. Feltrinelli

Teodorani Massimo, Bohm. The Physics of Infinity.

Teodorani Massimo, in mind Creative. From the physical universe to intelligent life.

Teodorani Massimo, The entanglement. The Weave In the quantum world: particles To consciousness.

Teodorani Massimo, Synchronicity. The link between physics and psyche. Da Pauli Young ' s Next In Chopra.

Teodorani Massimo, The Atom and the particles Elementary.

Seems Frank The physics of Immortality.

John White, The encounter between science and spirit..

Claudio Widmann, Synchronicity and coincidences Significant.

Claudio Widmann, Introduction to Synchronicity.

Ferdig med trykking 15. april 2022
Ragner Hamsun er pseudonymet til Bruno Del Medico, blogger, skribent, redaktør, spesialiserte seg på formidling av spørsmål knyttet til sosiale aktuelle hendelser og vitenskapens nye grenser. Han er forfatter av mange bøker om den nylige pandemien, og av essays om kvantefysikk og metafysikk.